Ashenafi Emiru Teka

Níveis de alguns elementos vestigiais e essenciais selecionados no mel

Ashenafi Emiru Teka

Níveis de alguns elementos vestigiais e essenciais selecionados no mel

ScienciaScripts

Imprint

Cover image: www.ingimage.com

This book is a translation from the original published under ISBN 978-620-2-31177-9.

Publisher:
Sciencia Scripts
is a trademark of
Dodo Books Indian Ocean Ltd. and OmniScriptum S.R.L publishing group

120 High Road, East Finchley, London, N2 9ED, United Kingdom
Str. Armeneasca 28/1, office 1, Chisinau MD-2012, Republic of Moldova, Europe
Managing Directors: Ieva Konstantinova, Victoria Ursu
info@omniscriptum.com

Printed at: see last page
ISBN: 978-620-8-40245-7

AGRADECIMENTOS

Em primeiro lugar, gostaria de agradecer a Deus todo-poderoso, que me guiou em todos os momentos difíceis e me deu força e incentivo para concluir este estudo.

Estendo os meus agradecimentos ao Projeto NORAD e ao seu coordenador (Dr. Andargachew Degebo), que me apoiou disponibilizando dinheiro para a realização desta tese. Estou extremamente grato ao meu pai, à minha mãe, aos meus irmãos e irmãs pela sua compreensão e ajuda na utilização de todos os recursos de que dispõem. Não devo esquecer também a sua atenção para comigo, que me levou a este sucesso. Finalmente, agradeço a todas as pessoas que contribuíram direta ou indiretamente para a realização deste estudo.

Índice

Listas de abreviaturas e acrónimos

CAC: Codex Alimentarius commission

FAAS: Flame atomic absorption spectrometry

AR: Aroresa

BS: Bensa

CR: Chire

AG: Arbegona

HU: Hula

RSD: Relative standard deviation

USA: United State of America

SNNPR: Southern nations, nationalities and peoples region

GF AAS: Graphite furnace atomic absorption spectrometry

ICP OES: Inductively coupled plasma optical emission spectrometry

MW: Microwave

RCC: Residual carbon content

MDL: Method detection limit

RDA: Relative dietary allowance

ND: Below the method detection limit

Abs.: Absorbance

Conc.: Concentration

ppm: parts per million

mg/kg: milligram per kilogram

ANOVA: Analysis of Variance

Resumo

O mel é uma substância doce natural e é produzido pelas abelhas a partir do néctar das flores, da secreção de partes vivas das plantas. No presente estudo, foram analisados os níveis de alguns elementos vestigiais e essenciais selecionados (Cu, Co, Mn e Zn) em amostras de mel provenientes de Woredas selecionados da zona de Sidama (ou seja, Aroresa, Bensa, chire, Arbegona e Hula Woredas), SNNPR, Etiópia. Amostras de mel com um peso conhecido (1 g) foram digeridas num digestor de micro-ondas utilizando 5 ml de HNO3 e 2 ml de H2O2. A validade do procedimento de digestão foi verificada através da adição às amostras de um padrão de concentração conhecida de soluções de mistura de metais analíticos e da determinação da percentagem de recuperação. As recuperações foram de 94,67% para o Cu, 94% para o Mn e 92,67% para o Zn. Os conteúdos dos minerais nos digeridos foram analisados utilizando o espetrómetro de absorção atómica de chama (FAAS). Foram encontradas as seguintes gamas de concentração (mg/kg) no mel: Cu (0,027-0,0696), Mn (0,0693- 0,815) e Zn (0,0620-0,3359). O Co não foi detectado em todas as amostras de mel. A concentração de Mn foi a mais elevada, seguida de Zn e Cu nas cinco amostras de mel (i.e. Mn>Zn>Cu). A concentração de cada metal (isto é, Cu, Mn, Zn) é mais elevada na amostra de mel de Hula Woreda (conhecida localmente como *Dumo*) e menos na amostra de mel de Aroresa Woreda (conhecida localmente como *Getame*).

Palavras Chave: Mel, Néctar, Traço, Elemento Essencial, FAAS.

Capítulo 1

1. INTRODUÇÃO

Sendo o único adoçante natural disponível, o mel foi um alimento importante para o Homo sapiens desde os seus primórdios. De facto, a relação entre as abelhas e o homem começou logo na Idade da Pedra [1]. Para alcançar o doce mel, o homem estava disposto a arriscar a sua vida. A primeira referência escrita ao mel, uma tabuinha suméria, datada de 2100-2000 a.C., menciona a utilização do mel como medicamento e pomada [2]. Na maioria das culturas antigas, o mel tem sido utilizado para fins nutricionais e médicos [2-5]. De acordo com a Bíblia, o rei Salomão disse: "Come mel, meu filho, porque é bom" (Antigo Testamento, provérbio 24:13). A crença de que o mel é um nutriente, um medicamento e um unguento foi transportada para os nossos dias. Durante muito tempo na história da humanidade, foi uma importante fonte de hidratos de carbono e o único adoçante disponível em grande escala até que a produção industrial de açúcar começou a substituí-lo depois de 1800 [2]. Na longa tradição humana, o mel tem sido utilizado não só como nutriente mas também como medicamento [3]. Um ramo da medicina alternativa, chamado apiterapia, desenvolveu-se nos últimos anos, oferecendo tratamentos baseados no mel e noutros produtos das abelhas contra muitas doenças. O conhecimento sobre este assunto está compilado em vários livros [por exemplo, 6, 7].

Atualmente, a principal utilização do mel para fins terapêuticos é a sua aplicação no tratamento de feridas, queimaduras e infecções, que não é objeto desta análise, uma vez que é analisada noutro local [8]. Atualmente, a produção mundial anual de mel é de cerca de 1,2 milhões de toneladas, o que representa menos de 1% da produção total de açúcar. O consumo de mel varia muito de país para país. Os principais países exportadores de mel, a China e a Argentina, têm um consumo anual reduzido, de 0,1 a 0,2 kg per capita. O consumo de mel é mais elevado nos países desenvolvidos, onde a produção interna nem sempre cobre a procura do mercado. Na União Europeia, que é simultaneamente um grande importador e produtor de mel, o consumo anual per capita varia de médio (0,3-0,4 kg) em Itália, França, Grã-Bretanha, Dinamarca e Portugal a elevado (1-1,8 kg) na Alemanha, Áustria, Suíça, Portugal, Hungria e Grécia, enquanto em países como os EUA, Canadá e Austrália o consumo médio per capita é de 0,6 a 0,8 kg/ano [8].

O mel é a substância doce natural produzida pelas abelhas melíferas a partir do néctar das plantas, que as abelhas recolhem, transformam através da combinação com substâncias específicas próprias, depositam, hidratam, armazenam e deixam amadurecer e amadurecer em favos de mel [9]. O mel possui valiosas propriedades nutritivas, curativas e profilácticas [10]. O mel é talvez um dos géneros alimentícios mais complexos produzidos pela natureza e certamente o único agente adoçante que pode ser utilizado pelos seres humanos sem qualquer processamento [11]. Estas propriedades resultam da sua composição química. Os vários componentes químicos do mel incluem açúcares que representam a maior parte da composição do mel, cerca de 82% [12], proteínas que incluem um número de enzimas (diastase, invertase, glucose oxidase, catalase, etc.) e aminoácidos livres [13]. A composição do mel depende muito do tipo de flores utilizadas pelas abelhas, das condições climatéricas em que as plantas crescem e da sua maturação [14, 15].

O mel de abelha pode ser uma boa fonte de elementos principais e vestigiais necessários aos seres humanos, contendo metais até 0,17%. Metais como Cr, Co, Cu, Fe, Mn e Zn são essenciais para os seres humanos e podem desempenhar um papel importante numa série de processos bioquímicos [19, 20]. Alguns deles estão presentes a nível vestigial e são tóxicos se excederem os níveis de segurança [21]. O mel é o resultado de um processo de bioacumulação útil para a recolha de informações relacionadas com o ambiente em que as abelhas vivem. Uma vez que a área de forragem da colmeia é superior a 7 km^2 e as abelhas estão em contacto com o ar, o solo e a água, a concentração de metais no mel reflecte a sua quantidade em toda a região. Por conseguinte, o mel tem sido reconhecido como um indicador biológico da poluição ambiental [22-26]. Como alimento utilizado para fins medicinais, o mel deve estar isento de qualquer conteúdo censurável e conter apenas pequenas quantidades de poluentes. Por conseguinte, o presente estudo foi realizado para fornecer informações de base sobre os níveis de alguns elementos vestigiais e essenciais selecionados nos méis.

Capítulo 2

2. Objectivos

Objetivo geral

> Determinar a concentração de alguns oligoelementos e elementos essenciais selecionados no mel de cinco Woredas diferentes da Zona de Sidama na região Sul.

Objectivos específicos

> Determinar a concentração de elementos vestigiais e essenciais (Cu, Co, Mn, Zn) do mel por FAAS recolhido em Aroresa, Chire, Arbegona, Bensa e Hula Woredas.

> Comparar os níveis destes metais no mel entre os Woredas.

> Comparar os resultados obtidos com outros trabalhos de investigadores.

2.1. Importância do estudo

O foco principal deste trabalho é determinar a concentração de alguns oligoelementos essenciais selecionados em amostras de mel de Woredas selecionados da Zona de Sidama que produzem mel. Assim, o estudo será significativo para mostrar a concentração de alguns oligoelementos selecionados nos cinco Woredas diferentes da Zona de Sidama.

Para além disso, o trabalho de investigação pode ter os seguintes resultados:

- Serve como informação de base para a determinação de elementos em amostras de mel de outras partes da região e do país no seu conjunto.
- Sensibilizar a sociedade para o conteúdo mineral do mel da região e para os seus impactos na saúde.

Os dados obtidos com este estudo podem também ser utilizados para aumentar a comercialização do mel da região.

Capítulo 3

3. REVISÃO DA LITERATURA

O mel é uma substância doce natural e é produzido pelas abelhas a partir do néctar das flores, da secreção de partes vivas das plantas. As abelhas recolhem este material, transformam-no e combinam-no com substâncias específicas próprias, armazenam-no e deixam-no no favo de mel para amadurecer e amadurecer [27]. O mel acabado de extrair é um líquido viscoso, com uma densidade (1,5 g/cm3) superior à da água (1 g/cm3 a 4°c), com um forte carácter higroscópico, uma condutividade térmica relativamente baixa, uma tensão superficial baixa e várias cores que são basicamente todas as nuances de âmbar amarelo [28]. Os vários componentes químicos do mel incluem: hidratos de carbono, que constituem a maior parte do mel - cerca de 82% [29], e proteínas, que incluem um certo número de enzimas, e dezoito aminoácidos livres, um grupo de ácido carboxílico, dos quais o mais abundante é a pralina [30]. Tem-se afirmado que o mel tem propriedades terapêuticas (exibindo poderes curativos) no tratamento de doenças digestivas, respiratórias, cardíacas e reumáticas [31]. Vários estudos relataram as propriedades imunológicas, antibacterianas, anti-inflamatórias e antipiréticas do mel, para além da sua importância em termos de ingestão de energia. Além disso, foi provado que o mel possui acções analgésicas e de cicatrização de feridas [28, 31, 32].

As abelhas necessitam de quatro recursos naturais para a sua sobrevivência: água, resina, néctar e pólen [33]. A água é utilizada para arrefecer a colmeia e para diluir o mel dado às larvas. A resina é utilizada para reforçar a colmeia, selar a madeira em decomposição e tapar buracos. O néctar é a principal fonte de hidratos de carbono de que as abelhas obtêm a sua energia. É recolhido pelas abelhas operárias que andam à procura de alimento e é transportado para a colmeia nos seus estômagos de mel. O néctar é geralmente transferido para as operárias da colmeia para ser transformado em mel e pode ser dado diretamente à criação ou aos adultos. Durante a recolha do néctar, uma abelha consome 0,5 mg de mel maduro por quilómetro de voo. A alimentação de uma larva de abelha, desde o ovo até à maturidade, requer cerca de 142 mg de mel [34].

O pólen é a principal fonte de proteínas, substâncias gordas, minerais e vitaminas das abelhas. É essencial para o crescimento das larvas e dos jovens adultos das abelhas. As abelhas retiram o pólen de uma antera utilizando a língua e as mandíbulas. Ao rastejar sobre as flores, o pólen adere às suas patas e ao seu corpo "peludo". A abelha penteia o pólen da cabeça, do corpo e dos apêndices anteriores, mistura-o com o pólen da boca e transfere-o para a corbícula, ou "cesto de pólen", no par posterior de patas. Quando está "carregada" de pólen, regressa à sua colmeia. Uma vez na colmeia, as operárias colocam o pólen no favo [35].

Para evitar o crescimento bacteriano e retardar a germinação do pólen, adiciona-se ácido fitocida ao pólen à medida que este é acondicionado no favo. São também adicionadas outras enzimas produzidas pelas abelhas operárias que impedem o metabolismo anaeróbico e a fermentação, aumentando assim a longevidade do pólen armazenado. Uma vez completamente processado para armazenamento, o favo de pólen é referido como "pão de abelha" [36].

O mel possui numerosas propriedades nutricionais, curativas e profilácticas (preventivas). Estas são uma consequência direta da sua composição química. Para ter um efeito benéfico, o mel deve estar isento de quaisquer agentes contaminantes. Quaisquer contaminantes, como os metais pesados presentes no mel acima dos níveis admitidos pelas normas de poluição, constituem uma ameaça para a saúde humana. A tendência atual do mercado internacional do mel, no que diz respeito à qualidade, é mais exigente. Por conseguinte, é necessário promover todas as actividades viáveis para produzir mel isento de resíduos [37]. A deteção de compostos, não encontrados anteriormente nas importações de mel pela União Europeia, gerou um maior controlo dos resíduos que podem estar presentes nos méis [38]. Uma vez que o mel é um recurso nutricional que depende de factores bióticos e abióticos em torno das colmeias, a presença de metais pesados pode estar relacionada com a sua origem geográfica e botânica. Vários estudos indicaram que as abelhas e os seus produtos podem ser utilizados como indicadores biológicos da poluição ambiental presente na área onde voam [39-42].

3.1. Valor alimentar e medicinal

O mel é um alimento popular para a saúde que se diz facilitar um melhor desempenho físico. É muito utilizado para curar tosse, constipações, feridas, cortes, diarreia e muitas outras doenças. Fornece energia até 3500 calorias/kg e não requer digestão, apenas uma ligeira ação digestiva. O mel aumenta o apetite, ajuda a controlar a gastrite e também pode proporcionar alívio para doenças como alergias, sinusite, artrite e asma. O mel é um ingrediente importante na medicina ayurvédica. Nos últimos anos, as propriedades antibióticas e cicatrizantes do mel foram comprovadas cientificamente [44]. No entanto, nem todo o mel disponível no mercado possui estas qualidades. A gestão incorrecta das colónias de abelhas (utilização de medicamentos e alimentação excessiva com açúcar, etc.) e os erros cometidos durante a transformação do mel podem afetar a sua qualidade e fazer com que o mel perca as suas propriedades originais. Para produzir um mel de boa qualidade (e obter um preço elevado), é muito importante compreender os principais constituintes do mel e a forma como esses constituintes influenciam a sua qualidade.

3.2. Componentes do mel

Os principais constituintes do mel são os açúcares, incluindo a frutose, a glucose, a sacarose, a maltose e outros açúcares di- e trissacáridos. Para além dos açúcares, o mel contém uma grande variedade de componentes químicos, tais como proteínas, gorduras, vitaminas, minerais, enzimas, aminoácidos e substâncias voláteis perfumadas. Vários destes componentes químicos são de grande importância, pois influenciam a qualidade de conservação, a granulação, a textura, bem como a eficácia nutricional e medicinal do mel [43].

3.3. Tipos de mel

As abelhas recolhem o néctar e a melada nas plantas que se encontram nas imediações da sua colmeia, maximizando a sua eficiência energética. As diferentes proporções de néctar ou de melada incorporadas no mel variam em função do tipo de vegetação, do período de floração das plantas ou da produção de melada dos insectos sugadores de plantas, bem como da altura em que o mel é colhido pelo apicultor. Por conseguinte, a composição química e as propriedades sensoriais do mel variam consideravelmente entre as diferentes amostras. Esta variabilidade pode ser considerada uma desvantagem quando se pretende um produto absolutamente uniforme. Por outro lado, a variabilidade de outros géneros alimentícios naturais, como o vinho ou o azeite, foi transformada numa vantagem através da identificação das diferenças específicas e de uma comercialização adequada. De facto, ninguém gostaria de abandonar todas as variedades de vinho que nos são oferecidas atualmente em favor de um produto uniforme. A maior parte do mel produzido no mundo é vendido apenas com a designação de mel. Geralmente, isto significa que o mel contém néctar e melada provenientes de várias espécies de plantas e que, por conseguinte, é uma mistura de diferentes tipos de mel. É, por conseguinte, designado por mel polifloral ou multifloral. Os méis que provêm predominantemente de uma única fonte botânica são designados por méis uniflorais [45].

3.4. Produção de mel na Etiópia

A África é abençoada com numerosos tipos de abelhas selvagens [46]. A Etiópia é um dos países do continente que possui um grande potencial de produção de mel. Devido às suas condições ecológicas e climáticas variadas, a Etiópia alberga algumas das mais diversas espécies de flora e fauna de África. As suas florestas e bosques contêm diversas espécies vegetais que fornecem néctar e pólen excedentários às abelhas forrageiras. A apicultura é uma das práticas agrícolas mais antigas do país. A apicultura na Etiópia tem uma tradição antiga que remonta aos milénios do início da história do país. A Etiópia é o maior produtor de mel em África e o 10th maior produtor de mel em todo o mundo. Também é produzida uma quantidade considerável de cera no país. A nível mundial, a Etiópia ocupa o quarto lugar na produção de cera de abelha e o décimo na produção de mel [47]. De todos os países do mundo, provavelmente nenhum tem uma tradição mais longa de apicultura do que a Etiópia. A Etiópia, que possui o maior número de colónias de abelhas e fontes de mel excedentárias da flora, é o principal produtor de mel e cera de abelha em África. A Etiópia e a Tanzânia produzem cerca de 2,5% e 1,15% do total da produção mundial de mel, respetivamente. A produção total de mel da Etiópia está estimada em 24 000 toneladas métricas, das quais apenas uma pequena parte é comercializada. Para além das más condições de comercialização, a principal razão é o facto de cerca de 80% da produção total de mel da Etiópia ser canalizada para a preparação local de Tej, um vinho de mel, que é consumido como bebida nacional em grandes quantidades [48].

No entanto, os produtos obtidos neste subsector são ainda baixos em comparação com o potencial do país. Embora sejam produzidos milhares de toneladas de mel todos os anos, este é geralmente mal gerido e tem um aspeto pouco atrativo. Por este motivo, o seu lugar no mercado local é ocupado pelo mel importado. Além disso, o mel de colmeia tradicional é de boa qualidade enquanto estiver na colmeia. Um manuseamento incorreto, desde a colheita até à chegada ao mercado, é responsável pela sua qualidade inferior. O tipo de colmeias utilizadas, os métodos de extração e de armazenamento do mel desempenham um papel fundamental na qualidade do mel [49].

A grande variabilidade climática e edáfica da Etiópia dotou este país de plantas com flores diversas e únicas, tornando-o assim altamente adequado para sustentar um grande número de colónias de abelhas e a prática há muito estabelecida da apicultura. No entanto, as abelhas e as plantas de que dependem, como todos os recursos naturais renováveis, estão constantemente a ser ameaçadas pela falta de conhecimento e de valorização destes recursos. No entanto, a principal base de recursos para a apicultura tem-se degradado seriamente ao longo do tempo. O potencial da paisagem etíope para a produção de mel e cera constitui agora, sem dúvida, apenas uma pequena fração da sua antiga riqueza. Além disso, a destruição da base de recursos remanescente pode ser observada a um ritmo cada vez mais acelerado [47].

Com base nestes factos, acredita-se que o vale do rift médio tem um tipo diversificado de vegetação e culturas cultivadas e espera-se que seja potencial para actividades apícolas. A SNNPR é a área potencial mais conhecida do país no que respeita à produção de mel. De acordo com o Estudo do Potencial de Recursos da SNNPR (IPS, 2006), a SNNPR tem 1 114 300 colmeias compostas por 1 060 512 (95,2%) colmeias tradicionais, 50 980 (4,6%) colmeias modernas ou de quadros e 2 811 (0,3%) colmeias intermédias ou Kenya Top Bar. Por conseguinte, este estudo foi realizado para recolher informações sobre a concentração de oligoelementos essenciais no mel produzido em alguns Woredas selecionados da Zona de Sidama, no vale do rift médio da Etiópia.

3.5. Minerais

Os minerais são necessários para a manutenção das funções metabólicas e fisiológicas normais dos organismos vivos. As principais funções dos elementos essenciais no corpo animal incluem a formação da estrutura esquelética, a regulação do equilíbrio ácido-base e são componentes importantes de hormonas, enzimas e proteínas estruturais. Os minerais da dieta são os elementos químicos necessários aos organismos vivos, para além dos quatro elementos carbono, hidrogénio, azoto e oxigénio que estão presentes em quase todas as moléculas orgânicas. O termo "mineral" é arcaico, uma vez que a intenção é descrever simplesmente os elementos menos comuns na dieta. Alguns são mais pesados do que os quatro acima mencionados, incluindo vários metais, que ocorrem frequentemente como iões no corpo. Alguns dietistas recomendam que estes sejam fornecidos a partir de alimentos nos quais ocorrem naturalmente ou, pelo menos, como compostos complexos ou, por vezes, mesmo a partir de fontes inorgânicas naturais (como o carbonato de cálcio de conchas de ostras moídas). Alguns minerais são muito mais facilmente absorvidos nas formas iónicas que se encontram nestas fontes. Por outro lado, os minerais são frequentemente adicionados artificialmente à dieta como suplementos; o mais famoso é provavelmente o iodo no sal iodado que previne o bócio [50].

3.5.1. Macro-minerais

Muitos elementos são essenciais em quantidade relativa; são normalmente designados por "minerais a granel". Alguns são estruturais, mas muitos desempenham um papel como electrólitos. Os elementos com uma dose dietética recomendada (DDR) superior a 200 mg/dia são o cálcio, o cloro como iões cloreto, o magnésio, o fósforo, o potássio, o sódio e o enxofre [51].

3.5.2. Minerais vestigiais

Muitos elementos são necessários em quantidades vestigiais, normalmente porque desempenham um papel catalítico nas enzimas. Alguns oligoelementos (RDA < 200 mg/dia) são o cobalto, o cobre, o crómio, o flúor, o iodo, o ferro, o manganês, o molibdénio, o níquel, o selénio, o vanádio e o zinco [52].

3. 6. Importância dos oligoelementos nos alimentos

3.6.1. Oligoelementos essenciais

Os alimentos e as bebidas ingeridos pelos seres humanos representam uma via potencialmente eficaz de exposição a elementos menores e vestigiais tóxicos e nutricionalmente importantes. Muitos elementos minerais ocorrem nos tecidos vivos, nos alimentos e nas dietas em quantidades tão pequenas que são frequentemente descritos como "vestígios" e a expressão "oligoelementos" surgiu para os descrever. Atualmente, sabe-se que menos de um terço dos 90 elementos que ocorrem naturalmente são essenciais para a vida. A maior parte do corpo humano é composta por seis elementos maiores: oxigénio, carbono, hidrogénio, azoto, cálcio e fósforo e seis elementos menores: enxofre, potássio, sódio, cloro, magnésio e silício. A percentagem total de elementos maiores e menores no peso total do corpo é de 98,8 (Quadro 1). Se seis gases nobres forem excluídos por não terem uma função fisiológica, restam 71 elementos do sistema periódico que, devido à sua baixa concentração na matéria viva, são denominados "oligoelementos" [53].

A concentração de elementos maiores e menores nos tecidos vivos pode ser expressa em gramas por quilograma. Por outro lado, a concentração de elementos vestigiais nos tecidos vivos varia entre 0,01 e 100 mg kg-1 (Quadro 2). Pode não ser adequado classificá-los como elementos essenciais ou tóxicos. É logicamente incorreto estabelecer uma categoria de elementos "tóxicos", porque qualquer elemento pode ser potencialmente tóxico e esta propriedade é apenas uma função das concentrações a que os seres humanos estão expostos. A essencialidade dos oligoelementos é estabelecida quando uma redução adicional abaixo da gama de níveis toleráveis, mais conhecida como "gama de doses seguras e adequadas", resulta numa deficiência consistente e reproduzível de uma função fisiológica. Estas considerações sugerem uma classificação lógica dos 71 oligoelementos nos que têm uma essencialidade comprovada e nos restantes para os quais a essencialidade é "atualmente desconhecida". Esta classificação deixa espaço para a possibilidade de a investigação futura incluir outros elementos como essenciais. Cada uma das duas categorias pode ser subdividida de acordo com a sua importância prática em determinadas condições; por exemplo, desequilíbrios locais, regionais ou nacionais no ambiente, emissões industriais ou hábitos alimentares. Alguns elementos essenciais podem não ter qualquer preocupação nutricional, como é o caso do magnésio na alimentação humana, uma vez que se encontra em níveis suficientemente elevados; outros, como o selénio, podem ter a maior importância regional devido à deficiência numa zona e à toxicidade noutra [54].

Nos últimos anos, tem-se verificado um aumento da consciencialização da importância do papel dos oligoelementos nos sistemas biológicos. O estudo dos processos vitais mostra que muitas funções vitais dependem da presença de um oligoelemento específico. Por esse motivo, os oligoelementos são um dos factores nutricionais importantes para o crescimento e a manutenção da vida humana e animal. A alimentação, excluindo a ingestão de água e ar, fornece normalmente a maior parte da ingestão diária total de oligoelementos pelos seres humanos. Desde o final dos anos 50, aumentaram consideravelmente as preocupações com a introdução de oligoelementos e de muitos outros componentes no ambiente em resultado das actividades humanas. Para além do solo e da água, os alimentos também estão contaminados com metais vestigiais devido à introdução da agricultura mecanizada, à utilização cada vez maior de produtos químicos, pulverizações, conservantes, transformação de alimentos e enlatamento. Para obter um impacto adverso mínimo, é importante medir e monitorizar continuamente os seus níveis em vários produtos alimentares, na dieta total, na água e no ar inalado. As concentrações de oligoelementos nos alimentos fornecem informações importantes sobre os hábitos alimentares de um grupo especial, a situação de saúde dos indivíduos e as origens dos elementos. Por conseguinte, é importante determinar a ingestão alimentar diária de oligoelementos, as suas concentrações e fontes. Os recentes desenvolvimentos da investigação sobre oligoelementos na área da nutrição levaram à necessidade de determinar com exatidão e precisão o teor destes micronutrientes nos alimentos. Nas últimas décadas, a comunidade da química analítica fez grandes progressos na melhoria da sensibilidade, seletividade e precisão da metodologia analítica [55].

Quadro **1** Concentrações de elementos maiores e menores no homem de referência (percentagem no peso corporal total) [53]

Major elements	Percent (%)	Minor elements	Percent (%)
O	61	S	0.2
C	23	K	0.2
H	10	Na	1.4
N	2.6	Cl	1.2
Ca	1.4	Mg	0.03
P	1.1	Si	0.03

Quadro **2** Gama de concentrações de oligoelementos no corpo humano [54]

Element	mg kg−1
Fe, F, Zn	100.0
Rb, Sr, Cu, Pb, Br	10.0
Sn, Sc, Cd, Mn, Ba, Al	1.0
Cs, Co, Cr, Mo, Au, Ni	0.1

3.6.2. Classificação dos elementos vestigiais

A definição mais simples de oligoelemento essencial é que é necessário em pequena quantidade para a manutenção da vida; a sua ausência resulta na morte ou num mau funcionamento grave do organismo. Todos os elementos maiores e menores são importantes; além disso, alguns dos oligoelementos, por exemplo Cr, Fe, Co, Cu, Zn, Se, Mo e I são oligoelementos essenciais; e alguns deles; Mn, Si, Ni, B, V e Sn são provavelmente oligoelementos essenciais; e ainda alguns deles F, As, Cd, Pb, Al e Hg são considerados potencialmente tóxicos, alguns possivelmente elementos essenciais para a vida animal e humana. De facto, todos os elementos essenciais podem também ser tóxicos para os animais e os seres humanos se ingeridos a níveis suficientemente elevados e durante um período suficientemente longo [56].

Os oligoelementos essenciais são necessários ao homem em quantidades que variam entre 50 μg

dia^{-1} e 20 mg dia^{-1} . O organismo não pode crescer nem completar o seu ciclo de vida sem o elemento em questão. O elemento deve ter uma influência direta sobre o organismo e estar envolvido no seu metabolismo. O efeito do elemento essencial não pode ser totalmente substituído por qualquer outro elemento. A biodisponibilidade dos elementos essenciais depende da sua forma química, da composição da dieta e do estado de saúde dos indivíduos. Assim, o estabelecimento das necessidades diárias óptimas e a determinação da ingestão diária real de elementos essenciais são problemas importantes dos oligoelementos na nutrição. Os oligoelementos essenciais constituem um exemplo clássico de nutrientes necessários, tal como descrito por Bertnard já em 1911. Um organismo pode passar por várias fases à medida que a concentração de um nutriente essencial progride da deficiência para o excesso. Em caso de deficiência absoluta, pode ocorrer a morte, com uma ingestão limitada; o organismo sobrevive mas pode apresentar uma insuficiência marginal [57].

3.6.3. Funções dos elementos vestigiais

A maioria dos oligoelementos desempenha uma variedade de funções, dependendo da sua forma química ou combinação e da sua localização nos tecidos e fluidos corporais [57]. Os elementos menores e vestigiais desempenham dois papéis gerais. O primeiro é a sua função como material estrutural. O ferro faz parte da estrutura da proteína transportadora de oxigénio, a hemoglobina, nos glóbulos vermelhos; o cálcio, o fósforo e outros elementos constituem uma parte significativa da massa dos dentes e dos ossos; e o sódio, o potássio, o fosfato, o sulfato, o cloreto e muitos outros elementos são constituintes importantes dos fluidos, tanto dentro como fora de todas as células do corpo. O segundo papel geral dos oligoelementos é a sua função na regulação de numerosas actividades biológicas. O cálcio em concentrações mínimas é necessário para a coagulação normal do sangue; o magnésio estimula a atividade de muitas enzimas e vários oligoelementos controlam a contração dos músculos e a transmissão de impulsos pelas células nervosas. O quadro 3 enumera os oligoelementos conhecidos como essenciais na alimentação humana e as suas funções [58].

3.6.4. Estudos de oligoelementos

O estudo dos teores de elementos vestigiais em amostras alimentares, ambientais e biológicas tem atraído o interesse mundial, tendo sido publicados muitos trabalhos neste domínio. Desde o início da década de 1970, tem havido um interesse crescente nos níveis de vários elementos na dieta composta e em géneros alimentícios individuais, como o mel, a carne, o leite, o trigo, a água, o peixe e os legumes [59, 60].

Quadro **3** Funções de alguns oligoelementos essenciais [58]

Element	Chief functions in the body
Iron	Haemoglobin formation, part of myoglobin, energy utilization.
Zinc	Part of many enzymes, present in insulin, involved in making genetic material and proteins, immunity, vitamin A transport, taste, wound healing, making sperm, normal fetal development
Copper	Absorption of iron, part of several enzymes
Molybdenum	Facilities enzyme functions and many cell processes
Manganese	Facilities enzyme functions and many cell processes
Cobalt	Part of vitamin B12, which involves in nerve function and blood formation

Foi também efectuada uma grande quantidade de investigação sobre a concentração de oligoelementos essenciais em materiais biológicos, tais como fluidos e tecidos. Nos últimos anos, têm sido feitas tentativas para compreender o papel dos oligoelementos no sistema biológico, particularmente no metabolismo humano. Os resultados obtidos pelas análises dos oligoelementos nos alimentos podem não mostrar os valores elementares exactos ingeridos diariamente pelo homem, que podem ser perdidos devido à contaminação durante os procedimentos de lavagem, cozedura e consumo [61].

A biodisponibilidade dos elementos essenciais depende da sua forma química, da composição da dieta e do estado de saúde dos indivíduos. Assim, o estabelecimento das necessidades diárias óptimas e a determinação da ingestão diária real de elementos essenciais são problemas importantes dos oligoelementos na nutrição [63]. O papel fisiológico do Co, Cu, Mn e Zn é brevemente descrito de seguida.

Cobalto (Co)

A única necessidade animal conhecida de cobalto é como constituinte da vitamina B12, que tem 4% de cobalto na sua estrutura química. Isto significa que uma deficiência de cobalto é, na realidade, uma deficiência de vitamina B12. Os sintomas de deficiência de cobalto incluem perda de apetite, emaciação, fraqueza, anemia e diminuição da produção. Quantidades excessivas de cobalto produzem cardiomiopatia com um elevado risco de mortalidade. Não foi estabelecida uma DDR (Dose Diária Relativa) ou uma Dose Diária Estimada Segura e Adequada para o cobalto [64].

Manganês (Mn)

O manganês é um elemento essencial tanto para as plantas como para os animais. É necessário para o metabolismo normal dos ossos e para importantes reacções enzimáticas. Também ajuda a manter a função normal dos nervos, do cérebro e da tiroide [67]. Embora a deficiência deste mineral seja pouco frequente, perde-se frequentemente nos alimentos transformados [70, 71]. Uma deficiência de manganês pode afetar a saúde do cérebro, a tolerância à glicose, a reprodução normal e a formação do esqueleto e da cartilagem. Os grãos e os produtos derivados de cereais são as melhores fontes alimentares de manganês, enquanto os produtos de origem animal são as mais pobres. A toxicidade do manganês é pouco frequente [72]. A exposição a níveis elevados de Mn pode causar perturbações mentais e emocionais, juntamente com um aumento da lentidão e da falta de jeito nos movimentos do corpo. Esta doença é designada manganismo. Qualquer lesão cerebral devida à acumulação de Mn no cérebro é permanente [73].

Cobre (Cu)

O papel essencial do cobre na manutenção de uma saúde normal, tanto nos animais como nos seres humanos, é reconhecido há muitos anos. A necessidade média diária de cobre na dieta tem sido referida por muitos académicos. O cobre é necessário, juntamente com o ferro, para a síntese da hemoglobina. Trabalha com muitas enzimas, tais como as envolvidas no metabolismo das proteínas e na síntese de hormonas [65, 66, 73]. A deficiência de cobre provoca uma baixa contagem de glóbulos brancos e um crescimento deficiente. A ingestão excessiva de cobre pode causar vómitos, perturbações do sistema nervoso e doenças de Wilson [66].

Zinco (Zn)

O zinco é um elemento essencial que se encontra nos tecidos dos animais e das plantas, mesmo em concentrações ambientais normais. No entanto, se as plantas e os animais forem expostos a grandes concentrações de Zn biodisponível, podem ocorrer bioacumulações significativas, com possíveis efeitos tóxicos [66].

O zinco é o mais ubíquo de todos os oligoelementos envolvidos no metabolismo humano. Mais de uma centena de enzimas específicas requerem zinco para a sua função catalítica. Se o zinco for removido do local catalítico, perde-se a atividade; a reposição do zinco restaura a atividade. O zinco participa em todas as principais vias bioquímicas e desempenha vários papéis na perpetuação do material genético, incluindo a transcrição do ADN, a tradução do ARN e, por fim, a divisão celular. Quando o fornecimento de zinco na dieta é insuficiente para suportar estas funções, podem desenvolver-se anomalias bioquímicas e sinais clínicos. Estudos em indivíduos com acrodermatite enteropática, uma doença genética com má absorção de zinco que resulta numa deficiência grave, forneceram muitas informações sobre os resultados funcionais da deficiência de zinco. Estes incluem deficiências nos sistemas dérmico, gastrointestinal, neurológico e imunológico [74].

3.7. Preparação das amostras

Os dados relativos à composição elementar dos alimentos são importantes tanto para os consumidores como para os profissionais de saúde, e a recente legislação relativa à rotulagem dos alimentos veio sublinhar esta necessidade. A determinação de elementos vestigiais e contaminantes em matrizes complexas, como os alimentos, requer frequentemente uma preparação extensiva da amostra e/ou regimes de extração antes da análise instrumental. A espetrometria de absorção atómica com chama (FAAS), a espetrometria de absorção atómica com forno de grafite (GFAAS) e a espetrometria de emissão ótica com plasma indutivamente acoplado (ICP OES) são as principais técnicas utilizadas para a determinação do teor de elementos vestigiais nos laboratórios de análise de alimentos. As técnicas tradicionais de preparação de amostras são morosas e requerem grandes quantidades de reagentes, que são dispendiosos, geram resíduos perigosos e podem contaminar a amostra com os analitos. Nas últimas décadas, os avanços na preparação de amostras foram impulsionados pelo avanço da digestão ácida assistida por micro-ondas [75, 76, 77], da extração assistida por ultra-sons e da preparação de lamas [78] e da análise direta de amostras sólidas [79]. As técnicas de incineração a seco, incineração húmida e digestão assistida por micro-ondas são descritas a seguir.

I. Técnicas de lavagem a seco

A incineração a seco é um método de preparação de amostras geralmente conveniente para ser aplicado na determinação subsequente de metais vestigiais em materiais alimentares. A incineração ou oxidação a seco é geralmente efectuada colocando 0,1-1 g de amostra num recipiente aberto e removendo a matéria orgânica das amostras por decomposição térmica, normalmente na presença de um adjuvante de incineração, utilizando uma mufla. As temperaturas típicas de incineração são de 450 a 550^0 C à pressão atmosférica, sendo os resíduos de cinza dissolvidos num ácido adequado. O grau de perda por volatilização é um fator limitante e depende de

(i) a temperatura aplicada,

(ii) a forma sob a qual a substância a analisar está presente na amostra, e

(iii) o ambiente químico na fase de incineração.

Os reagentes oxidantes podem ser utilizados como adjuvantes de incineração para evitar a volatilização dos analitos e também para acelerar o processo de incineração. O nitrato de magnésio e o óxido de magnésio de elevada pureza são normalmente utilizados para esse efeito [80].

II. Técnicas de lavagem a húmido

Os métodos de digestão por via húmida incluem a decomposição da amostra por um ácido ou misturas de ácidos, efectuada em recipientes abertos, em tubos, numa placa de aquecimento ou num bloco de aquecimento de alumínio ou em recipientes fechados a pressão elevada (bombas de digestão) com aquecimento térmico ou por micro-ondas. A digestão assistida por micro-ondas é um método atrativo, especialmente para amostras pequenas. Deve ter-se extremo cuidado na utilização de recipientes sob pressão selados, uma vez que há muitas provas anedóticas de que estes recipientes se rompem ocasionalmente durante a digestão convencional ou assistida por micro-ondas de materiais orgânicos. A aplicabilidade desta técnica depende estritamente do tipo de alimento: os hidratos de carbono são facilmente mineralizados com ácido nítrico a 180^0 C, enquanto as gorduras, as proteínas e os aminoácidos causam uma digestão incompleta devido ao potencial de oxidação relativamente baixo do ácido nítrico a 200^0 C; estes materiais requerem a adição de ácido sulfúrico e/ou perclórico com todos os problemas relacionados com a sua utilização a alta temperatura e pressão.

O tipo de ácido utilizado no processo de preparação pode ter consequências importantes na fase de medição. É do conhecimento geral que, em todas as técnicas de espetrometria atómica, o ácido nítrico é o reagente mais desejável. Apesar de se observar ocasionalmente uma supressão do sinal na sua presença (por exemplo, no ICP OES), não se encontram na prática problemas analíticos graves com o ácido nítrico em concentrações até 10%, por vezes superiores, em todas as técnicas de espetrometria atómica, desde que a sua concentração seja semelhante nas soluções de calibração e de amostra. O peróxido de hidrogénio, adicionado na maioria dos procedimentos de mineralização, também raramente é responsável por problemas analíticos [75]. A presença de ácido clorídrico não é problemática na análise ICP OES; no entanto, a sua utilização exclusiva é proibida na análise GF AAS devido à possível formação de cloretos voláteis e de difícil dissociação do analito, que podem causar interferência na fase vapor e/ou espetral [81]. Devido à sua elevada viscosidade, a utilização de ácido sulfúrico é geralmente evitada, apesar da sua eficiência na digestão de matrizes orgânicas. A sua presença é particularmente indesejável em técnicas analíticas em que a introdução da amostra é efectuada por nebulização (FAAS, ICP OES, ICP-MS).

III. Digestão assistida por micro-ondas

A digestão assistida por micro-ondas (MW) com ácido nítrico, ácidos nítrico e clorídrico, sem ou com a adição de peróxido de hidrogénio, é uma técnica amplamente utilizada para a dissolução de amostras de alimentos. O aquecimento por micro-ondas tem várias vantagens em relação ao aquecimento convencional numa placa quente, etc., uma vez que a energia é gerada na mistura de digestão e não transferida por condução.

Entre as principais vantagens da digestão assistida por MW estão os tempos de digestão muito mais curtos e a menor necessidade de reagentes agressivos para obter uma digestão completa. Existem dois sistemas diferentes disponíveis para a digestão assistida por MW: os sistemas de recipientes fechados pressurizados e os sistemas abertos de MW focalizado que funcionam à pressão atmosférica. A digestão assistida por micro-ondas em recipientes fechados sob pressão ganhou popularidade como uma técnica de dissolução simples e rápida que minimiza o consumo de ácido, o risco de contaminação da amostra e a perda de elementos voláteis. Uma das limitações é o tempo necessário para o arrefecimento antes de os recipientes poderem ser abertos, o que pode demorar horas, dependendo do tipo de equipamento utilizado. As principais vantagens da radiação de MW focalizada são a segurança, a versatilidade, o controlo da energia de micro-ondas libertada para a amostra e a possibilidade de adição programada de soluções durante a digestão. No entanto, a perda de elementos voláteis não pode ser excluída na digestão em recipiente aberto e os resultados relativos a elementos de baixo nível podem ser afectados pela elevada quantidade de reagentes utilizados e, consequentemente, pelo aumento do risco de contaminação da amostra. Este risco pode ser minimizado utilizando a digestão ácida em fase de vapor, que provou ser muito eficaz na minimização do teor de carbono residual (RCC) [75, 76]. Assim, neste trabalho, para a preparação da amostra, foi escolhida a técnica de digestão assistida por micro-ondas.

Capítulo 4

4. METODOLOGIA

4.1. Descrição da zona de estudo

Este estudo foi realizado em Woredas selecionados da Zona de Sidama, na região sul da Etiópia, que produzem mel. Trata-se dos Woredas de Aroresa, Bensa, Chire, Arbegona e Hula. A zona de Sidama abrange 6972,1 quilómetros quadrados e situa-se entre 6,14 e 7,18^{0} latitude e 37,92 e 39,19^{0} longitudes, com uma altitude que varia entre 501 e 3000 metros acima do nível do mar. A zona está dividida em 19 Woredas com uma população total de 3019442 (2007). A temperatura média anual da zona varia entre 10,1-27^{0} C e a precipitação média anual varia entre 801-1600 mm.

Sendo a base económica de todo o país, a produção agrícola é a atividade predominante da região sul. Engloba o cultivo de plantas e a criação de animais, tal como em Sidama, ambos praticados em todos os Woredas. No entanto, devido a factores culturais e ambientais, os camponeses da zona dependem principalmente da produção de enset e café para consumo e para fins comerciais. A agricultura tradicional é praticada principalmente na zona. De acordo com a sua produção e aptidão, Hula, Bursa, Goriche, Wondo Genet, Malga, Loka Abaya, Hawassa zuriya, Arbegona e Aroresa são designados como Woredas de culturas alimentares, enquanto Aleta Wondo, Chuko, Dale, Dara, Wensho, Bona zuriya, Shebedino, Chire e Bebsa são distritos de produção de café e de culturas alimentares. As culturas produzidas na zona são anuais e perenes; milho, teff, barely, enset, feijão Haricot, café, trigo e outras são algumas das culturas que são cultivadas na zona.

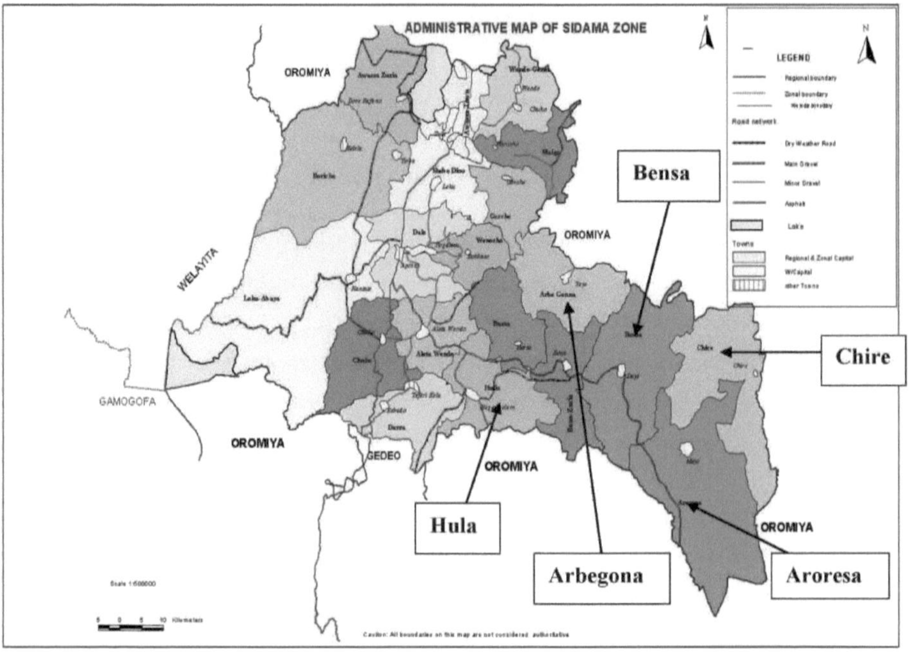

Fig.1. Mapa da área de estudo.

4.2. Amostragem

Foram recolhidas cinco amostras diferentes de mel em cinco cidades Woreda diferentes. Foram recolhidas seis amostras em cada Woreda e compostas numa única amostra para representar a amostra de mel de Woreda. Considerou-se que estas amostras de mel eram representativas de cada Woreda porque provinham de todos os cantos das Woredas.

As amostras foram conservadas em recipientes de plástico cobertos e mantidas a 4° c até à análise.

4.3. Equipamentos e reagentes

4.3.1. Equipamentos

Foi utilizada uma balança analítica digital (Mettler Toledo, modelo AG204, Suíça) com uma precisão de ± 0,0001 g para pesar as amostras de mel. Foi utilizado um frigorífico (Hitachi, Tóquio, Japão) para conservar a amostra e a amostra digerida até à análise.

O digestor de forno micro-ondas BUCK SCIENTIFIC BMS-1 (East Norwalk, EUA) foi utilizado para digerir as amostras de mel.

O espetrofotómetro de absorção atómica BUCK SCIENTIFIC MODEL 210 VGP (East Norwalk, EUA), equipado com corretores de fundo de deutério, foi utilizado para a análise dos metais a analisar (Co, Cu, Mn, Zn) utilizando uma chama de ar-acetileno (C_2H_2).

4.3.2. Reagentes e produtos químicos

Todos os reagentes utilizados na análise eram de grau analítico. HNO_3 (69% Spectrosol, BDH, Inglaterra) e H_2O_2 (30% Merch, Alemanha) foram utilizados para a digestão das amostras de mel. Foram utilizadas soluções-mãe padrão contendo 1000 mg/L dos metais Co, Cu, Mn, Zn (BUCK SCIENTIFIC PURO-GRAPHIC^{tm}) para a preparação dos padrões de calibração e nas experiências de adição. Durante toda a experiência, foi utilizada água desionizada para a preparação das amostras, a diluição e a lavagem dos aparelhos antes da análise.

4.4. Procedimentos

4.4.1. Aparelhos de limpeza

Os aparelhos, como os recipientes de digestão, as provetas e os balões volumétricos, foram lavados com detergentes e água da torneira, enxaguados com água desionizada e mantidos num local sem pó até ao início da análise.

4.4.2. Digestão das amostras de mel

Um grama de mel foi pesado com exatidão num recipiente de digestão por micro-ondas de Teflon® de 100 ml, em triplicado. Ao recipiente de digestão por micro-ondas foram adicionados 2 ml de H_2O_2 (30% Merch, Alemanha) e 5 ml de HNO_3 (69% Spectrosol, BDH, Inglaterra) e deixados a digerir. As amostras foram então digeridas num digestor de micro-ondas (East Norwalk, EUA) de acordo com o programa do quadro 4. Após a digestão, as amostras foram transferidas quantitativamente para um balão volumétrico de 25 ml e completadas até ao traço com água desionizada. As amostras digeridas foram mantidas no frigorífico até à determinação do nível de todos os metais nas soluções das amostras por FAAS. Foram preparadas dez soluções em branco seguindo o mesmo procedimento de digestão que a amostra [82].

Quadro 4 Condições de funcionamento da digestão por micro-ondas

Step	Temperature(^{0}C)		Run time(min.)	
	Start	**Finish**	**Start**	**Finish**
1	Low(127)	145	0	10
2	145	160	10	20
3	160	190	20	40

4.4.3. Determinação de metais vestigiais

As soluções-padrão secundárias contendo 10 mg/L foram preparadas a partir das soluções-mãe padrão para espetroscopia de absorção atómica que continham 1000 mg/L. Estes padrões secundários foram diluídos com água desionizada para obter quatro padrões de trabalho para cada metal de interesse. O Co, o Cu, o Mn e o Zn foram analisados com FAAS (BUCK SCIENTIFIC MODELO 210GP) equipado com um corretor de fundo de arco de deutério e uma chama padrão de ar-acetileno. Foram efectuadas três determinações em duplicado para cada amostra. O mesmo procedimento analítico foi utilizado para a determinação dos elementos em soluções em branco de dez dígitos. As condições de funcionamento do FAAS utilizadas para cada analito são indicadas no quadro 5.

Quadro 5 Condições de funcionamento do instrumento para a determinação de metais vestigiais em amostras de mel utilizando o espetrofotómetro de absorção atómica com chama

Element	Wavelength (nm)	Detection limit (mg/L)	Slit width (nm)	Lamp current (mA)	Energy
Co	240.7	0.05	0.2	4.5	2.415
Cu	324.7	0.005	0.7	1.5	3.912
Mn	279.5	0.03	0.7	3.0	3.953
Zn	213.9	0.005	0.7	2.0	3.140

4.4.4. Recuperação da amostra de mel

Para validar o método de análise dos metais Co, Cu, Mn e Zn, foram adicionados 0,5 ml de uma mistura de 1 mg/kg dos metais a uma concentração conhecida de padrões Buck Scientific dos elementos numa amostra de 1g de mel e tratados da mesma forma que as outras amostras analisadas.

4.4.5. Limite de deteção do método

Dez amostras em branco foram digeridas seguindo o mesmo procedimento que as amostras e cada uma das amostras foi determinada para os elementos de interesse (Co, Cu, Mn e Zn) por

espetrofotómetro de absorção atómica. O desvio padrão para cada elemento foi calculado a partir das dez medições em branco para determinar o limite de deteção do método.

Capítulo 5

5. Resultados e discussão

5.1. Calibração do instrumento

A qualidade dos resultados obtidos na análise de metais vestigiais por AAS é seriamente afetada pelos procedimentos de calibração e de preparação da solução-padrão. O instrumento foi calibrado utilizando quatro séries de padrões de trabalho. As soluções-padrão de trabalho de cada metal foram preparadas de fresco, diluindo as soluções-padrão intermédias mencionadas no ponto 4.4.3. As concentrações dos padrões intermédios, dos padrões de trabalho e o valor do coeficiente de correlação do gráfico de calibração para cada um dos metais são indicados no quadro 6. O gráfico de calibração de cada um dos metais de interesse é apresentado no Apêndice 1.

Quadro 6 Padrões de trabalho e coeficientes de correlação das curvas de calibração para as determinações de metais utilizando o espetrofotómetro de absorção atómica de chama

Metal	Concentration of intermediate standard (mg/L)	Concentration of standards, in mg/L	Correlation coefficient of calibration curves (R)
Co	10	0.05, 0.08, 0.1, 0.2	0.9997
Cu	10	0.02, 0.1, 0.3, 0.6	0.9998
Mn	10	0.04, 0.1, 0.3, 0.5	0.9997
Zn	10	0.05, 0.1, 0.5, 1.0	0.9999

5.2. Avaliação dos valores analíticos de mérito e validação

5.2.1. Limite de deteção do método

O limite de deteção do método é definido como a concentração mínima da substância a analisar que pode ser medida e comunicada com 99% de confiança de que a concentração da substância a analisar é superior a zero [83]. No presente estudo, foram efectuadas análises em duplicado para dez amostras em branco dos elementos e foi calculado o desvio-padrão dos dez reagentes em branco. Os limites de deteção foram obtidos multiplicando por três o desvio-padrão agrupado do branco reagente [87]. Como se pode ver no Quadro 8, o limite de deteção do método para cada elemento é superior ao limite de deteção do instrumento.

Quadro 7 Resultados do ensaio em branco

Metals	Blank concentrations (mg/kg)									
Co	0.051	0.053	0.055	0.057	0.064	0.064	0.066	0.068	0.068	0.12
Cu	0.0061	0.0061	0.0063	0.0064	0.0064	0.0065	0.0066	0.0066	0.0066	0.0128
Mn	0.043	0.046	0.05	0.052	0.053	0.053	0.054	0.054	0.054	0.102
Zn	0.006	0.0061	0.0061	0.0063	0.0064	0.0064	0.0066	0.0068	0.0072	0.0125

Quadro 8 Limite de deteção do método para as amostras de mel (n =10 para todos os metais)

Metal	MDL (mg/kg)	Instrument detection limit mg/L
Co	0.06	0.05
Cu	0.006	0.005
Mn	0.05	0.03
Zn	0.006	0.005

MDL = limite de deteção do método.

5.2.2. Validação do método

A capacidade de fornecer dados atempados, exactos e fiáveis é fundamental para o papel da química analítica. A validação do método é o processo de garantir que o método analítico é aceitável para o fim a que se destina. Por conseguinte, os analistas são cada vez mais impelidos a validar os procedimentos analíticos e a estimar a incerteza associada aos resultados. Uma vez que não existe material de referência certificado para o mel no nosso laboratório, a validade do procedimento de digestão foi testada através da adição às amostras de um padrão de concentração conhecida dos metais a analisar. Esta adição de um padrão de concentração conhecida dos metais a analisar foi efectuada utilizando uma amostra de mel da Aroresa. A percentagem de recuperação de cada um dos metais a analisar, como se mostra no quadro 9, situa-se entre 92,67 e 94,67 %, o que é aceitável. Por conseguinte, o método é de boa exatidão.

Quadro 9 Teste de recuperação para amostras de mel

Metal	[a]Conc. in sample (mg/kg)	Amount added(mg/kg)	[b] Conc. in spiked sample (mg/kg)	[b]% Recovery
Cu	0.0270	0.0050	0.0317 ± 0.0002	94.67 ± 3.06
Mn	0.0693	0.0050	0.0740 ± 0.0001	94.0 ± 2.0
Zn	0.0620	0.0050	0.0666 ± 0.0002	92.67 ± 4.16

[a] Valores médios das medições em triplicado das amostras de mel (mg/kg).

[b] Os resultados medidos são a concentração média (X ± SD; n=3) das amostras de mel.

5.2.3. Determinação de metais vestigiais em diferentes amostras de mel

A concentração de quatro metais (Co, Cu, Mn, Zn) nas amostras de mel foi determinada por FAAS utilizando uma curva de calibração externa de quatro pontos. Entre os elementos identificados, com exceção do Cobalto (Co), que se encontra abaixo do limite de deteção do método, todos foram identificados e apresentados no Quadro 10. Os resultados mostraram que as amostras tinham uma composição variável de cada um dos metais a analisar, com uma ligeira gama de concentrações.

Como se pode ver na Tabela 10, observou-se que o Mn (0,0693 ± 0,0025 mg/kg) tem a maior concentração, seguido pelo Zn (0,0620 ± 0,0049) e o Cu (0,027 ± 0,0017) é o menor de todos os metais estudados no AR. O nível de metais nesta amostra de mel diminui na ordem Mn > Zn > Cu.

Observou-se que o Mn (0,2159 ± 0,007 mg/kg) continha a maior concentração de todos os metais estudados no BS, seguido pelo Zn (0,1916 ± 0,0053). Tal como nos casos anteriores, o Cu (0,0334 ± 0,0037 mg/kg) foi o que apresentou a menor concentração nesta amostra de mel. A ordem de concentração dos metais é a seguinte: Mn > Zn > Cu.

Tal como nos dois Woredas acima referidos, as concentrações de metais nos Woredas CR, AG e HU são, por ordem de concentração, Mn (0,2262 ± 0,0184, 0,2119 ± 0.0128, 0.815 ± 0.0882) > Zn (0.0640 ± 0.0045, 0.1299 ± 0.0034, 0.3359 ± 0.0098) > Cu (0.0420 ± 0.0037, 0.0377 ± 0.0034, 0.0696 ± 0.0028) respetivamente.

Em geral, todos os resultados dos cinco Woredas mostraram uma ordem de grandeza semelhante no nível da concentração de metal. A ordem nas cinco amostras de metais vestigiais é Mn > Zn > Cu, como mostra a Fig.1.

Quadro 10 Concentração média (média ± DP mg/kg) de análises em triplicado de metais vestigiais em amostras de mel

Element	Concentration of metals (mg/kg)				
	[a] AR	[b] BS	[c] CR	[d] AG	[e] HU
Co	ND	ND	ND	ND	ND
Cu	0.027±0.0017	0.0334±0.0037	0.0420±0.0037	0.0377±0.0034	0.0696±0.0028
Mn	0.0693±0.0025	0.2159 ± 0.007	0.2262±0.0184	0.2119±0.0128	0.815 ± 0.0882
Zn	0.0620±0.0049	0.1916±0.0053	0.0640±0.0045	0.1299±0.0034	0.3359±0.0098

ND = Abaixo do limite de deteção do método. [a] AR = Amostra de mel da Aroresa.

[b] BS = Amostra de mel de Bensa.

[c] CR = Amostra de mel de Chire.

[d] AG = Amostra de mel de Arbegona.

[e] HU = Amostra de mel de Hula.

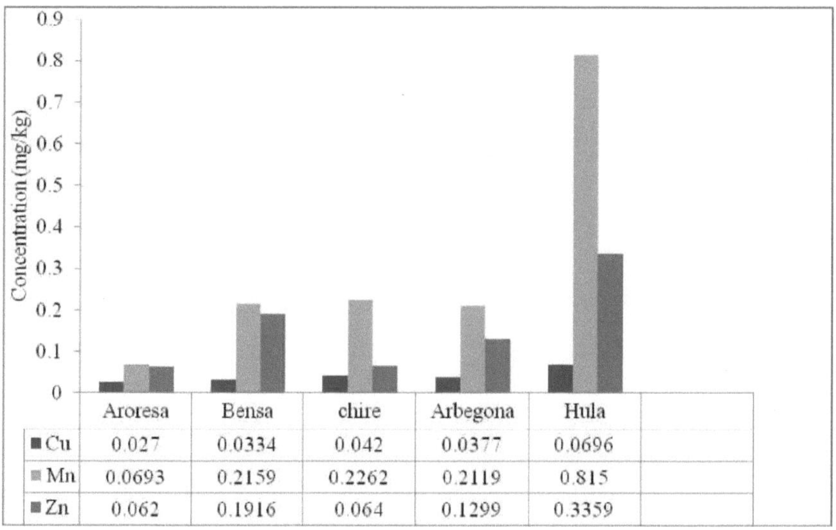

Fig.2. Concentrações médias de metais vestigiais em diferentes amostras de mel de Woreda.

5.2.4. Comparação da concentração de metais vestigiais em amostras de mel entre Woredas

Cobalto (Co)

O quadro 10 mostra que as concentrações de Co em todas as amostras eram inferiores ao limite de deteção do método (0,06 mg/g). Embora as concentrações de Co fossem inferiores ao limite de deteção do método, isso não significa que as amostras de mel estivessem isentas de Co!

Cobre (Cu)

Os níveis mais baixos e mais altos de Cu variaram entre 0,027 e 0,0696 mg/kg. Os valores das concentrações de Cu não variam muito de amostra para amostra, sendo a concentração mais baixa obtida na amostra AR (0,027 mg/kg).

O nível mais elevado de concentração de Cu foi obtido na amostra HU, que se verificou ser de 0,0696 mg/kg. Como se pode ver no quadro 10, em todos os outros locais de amostragem a concentração de Cu situou-se nestes valores extremos.

Manganês (Mn)

A concentração mais elevada de Mn foi medida na HU (0,815 mg/kg). Esta concentração de Mn foi obtida diluindo a amostra de mel de Hula cinco vezes. Esta concentração de Mn foi obtida diluindo a amostra de mel de Hula cinco vezes. Esta concentração de Mn foi obtida diluindo a amostra de mel de Hula cinco vezes. A concentração mais baixa de Mn foi obtida na AR com um valor de 0,0693 mg/kg. Assim, todas as outras concentrações de Mn nas outras amostras foram encontradas entre estes valores mais alto e mais baixo (ou seja, de 0,0693- 0,815 mg/kg).

Zinco (Zn)

Tal como o Cu e o Mn, a concentração de Zinco foi mais elevada nas amostras de mel dos Woredas de Hula (HU) e mais baixa nas de Aroresa (AR). Por conseguinte, como se pode ver no quadro 10, a concentração mais elevada de Zn foi registada na amostra de mel de HU com um valor de 0,3359 mg/kg e a concentração mais baixa de Zn foi encontrada em AR (0,0620 mg/kg).

De um modo geral, o que dissemos acima para a concentração de Cu, Mn e Zn nos cinco locais das amostras de mel pode ser generalizado com a ajuda do seguinte gráfico de barras, como se mostra abaixo.

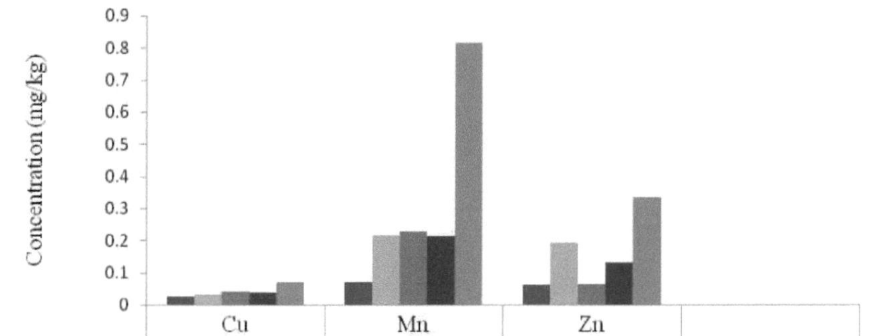

	Cu	Mn	Zn
Aroresa	0.027	0.0693	0.062
Bensa	0.0334	0.2159	0.1916
Chire	0.042	0.2262	0.064
Arbegona	0.0377	0.2119	0.1299
Hula	0.0696	0.815	0.3359

Fig.3. Comparação das concentrações médias de metais vestigiais em amostras de mel entre Woredas.

Quadro 11 Intervalo de concentrações de cada metal analisado em todas as amostras

Metal	Range of concentration (mg/kg)
Cu	0.027 _ 0.0696
Mn	0.0693 _ 0.815
Zn	0.0620 _ 0.3359

5.2.5. Comparação dos teores de metais vestigiais no mel com os valores registados noutros países

Camina, J.M. *et al.* [84] determinaram as concentrações de metais utilizando ICP-OES de amostras de mel natural recolhidas em diferentes locais do centro da Argentina. Eles observaram que as amostras de mel contêm; Cu: 0,05-0,68 µg/g, Mn: 0,07-0,68 µg/g e Zn: 0,14-3,87 µg/g. Os resultados revelaram que há uma boa comparabilidade entre os metais Cu, Mn e Zn, com o presente estudo.

Sadia Bibi *et al.* [85] também determinaram o teor de metais em 7 amostras de mel obtidas comercialmente na Áustria, Paquistão, Canadá, Alemanha, Austrália, Arábia Saudita e América usando AAS. Obtiveram uma gama de concentrações de Co: 0,001-0,018 ppm, Cu: 0,023-0,498 ppm, Mn: 0,064-0,341 ppm e Zn: 0,1368-0,4717 ppm. Os resultados foram comparáveis aos do presente estudo, exceto no caso do Co, que não foi detectado no presente caso.

Quadro 12 Comparação da concentração de oligoelementos na amostra de mel com valores anteriormente registados

Metal	**Reported values**			
	Argentina[84] (µg/g)	Pakistan[85] (ppm)	Morocco[86] (mg/kg)	This study (mg/kg)
Co	-	0.001-0.018	-	ND
Cu	0.05-0.68	0.023-0.498	0.51-4.75	0.027-0.0696
Mn	0.07-0.68	0.064-0.341	0.080-9.76	0.0693-0.815
Zn	0.14-3.87	0.1368-0.4717	0.04-2.74	0.0620-0.3359

ND = Abaixo do limite de deteção do método

Hasna Belouali *et al.* [86] determinaram a concentração de metais com ICP-OES a partir de amostras de mel recolhidas em dez localidades no leste de Marrocos. Obtiveram uma gama de concentrações de Cu: 0,51-4,75 mg/kg, Mn: 0,080-9,76 mg/kg e Zn: 0,04-2,74 mg/kg. Estes resultados são comparáveis aos do presente estudo, exceto no caso do Cu, que é mais baixo no presente estudo.

Entre os Woredas selecionados, o mel de Hulla (conhecido localmente como *Dumo*) é o mais rico em todos os minerais e o mel de Bensa (conhecido localmente como *Gerebicho*) é o segundo. A menor concentração dos elementos foi registada no mel de Aroresa (conhecido localmente como *Getame*).

Assim, o resultado deste trabalho indica que os elementos determinados não têm impactos na saúde. O facto de não haver qualquer problema de saúde é relatado nos valores relatados, que estão em boa concordância com o trabalho deste artigo. Portanto, estes elementos estudados têm importância para a manutenção das funções metabólicas e fisiológicas normais.

5.2.6. Análise estatística

Neste estudo, foi utilizada uma ANOVA unidirecional e o software SPSS (SPSS 15.0 for windows, The Apache software foundation, 2000) para testar a diferença entre as diferentes amostras.

Relativamente ao Cu, ao Mn e ao Zn, existe uma diferença significativa ($p < 0,05$), com um intervalo de confiança de 95 %, entre as concentrações médias das cinco amostras de mel (isto é, Aroresa, Bensa, Chire, Arbegona e Hula). Assim, a ANOVA unidirecional mostra uma diferença na concentração de metais entre as diferentes amostras. Esta diferença pode ser atribuída ao tipo de solo em que a planta cresce, à localização geográfica, à diferença na origem botânica, à diferença no período de floração da planta, à diferença no processo de colheita do mel, à diferença no tipo de recipiente e no modo de transporte para o mercado.

Capítulo 6

6. Conclusão e recomendação

Conclusão

Os metais vestigiais são componentes naturais da crosta terrestre. Não podem ser degradados ou destruídos. Alguns metais vestigiais (por exemplo, cobre, manganês, zinco) são essenciais para manter o metabolismo do corpo humano. No entanto, quando presentes em concentrações mais elevadas, podem conduzir a envenenamento.

Neste estudo foi investigado o teor de metais vestigiais de amostras de mel de Woredas selecionadas da Zona de Sidama em SNNPR, Etiópia. Estes metais vestigiais foram analisados e medidos por espetrofotómetro de absorção atómica. Os resultados deste estudo indicam que o manganês tinha a concentração mais elevada, seguido do zinco e do cobre em todas as amostras de mel, mas estas concentrações não eram muito elevadas. Isto significa que, ao comparar os resultados do presente estudo com outros valores registados, estes são quase comparáveis. Não se registam efeitos secundários ao nível das concentrações observadas.
Em geral, os resultados obtidos no presente trabalho estão de acordo com os obtidos e comunicados para méis de outros países.

Como observado a partir dos resultados deste trabalho, a concentração de cada metal (i.e. Cu, Mn, Zn) é mais elevada na amostra de mel de Hula Woreda (localmente conhecido como *Dumo*). Em geral, isto implica que os méis mais escuros são mais ricos em conteúdo mineral do que o mel mais claro. O menor conteúdo mineral foi registado e relatado na amostra de mel de Aroresa Woreda (localmente conhecida como *Getame*) que tem uma aparência de cor branca. As outras amostras de mel, isto é, o mel de Bensa (conhecido localmente como *Gerebicho*), o mel de Chire (conhecido localmente como *Mikicho*) e o mel de Arbegona (conhecido localmente como *Mikicho*), têm concentrações entre os valores mais altos e mais baixos. O cobalto não foi detectado em todas as amostras de mel.

Por conseguinte, os resultados (i.e. Co, Cu, Mn, Zn) obtidos neste estudo mostraram que o mel produzido em Woredas selecionados da zona de Sidama era adequado para a saúde e pode ser utilizado como dados de base para uma investigação mais aprofundada.

Recomendação

Este estudo centra-se nos oligoelementos selecionados e recomenda-se que se investigue o nível de metais pesados e outros metais não essenciais nos produtos de mel da região.

Devido à escassez de tempo, o nosso estudo abrange apenas cinco Woredas, pelo que se recomenda o alargamento do estudo a outros Woredas da região.

REFERÊNCIAS

1. Crane, E. 1983. "The archaeology of beekeeping", Londres: Gerald Duckworth & Co., 677-689.

2. Crane, E. 1975. História do mel, In Crane E (Ed): "Honey, a comprehensive survey". London: William Heinemann, 439-488.

3. Jones, R. 2001.Honey and healing through the ages, In Munn P, Jones R (Ed): "Honey and healing". Cardiff: International Bee Research Association IBRA, 1-4.

4. Crane, E. 1999. "The world history of beekeeping and honey hunting", Londres: Gerald Duckworth & Co., 439-488.

5. Allsop, K.A.; Miller, J.B. 1996. Honey revisited: A reappraisal of honey in preindustrial diets. Br J Nutr 75: 513-520.

6. Potschinkova, P. 1992, Bienenprodukte in der Medizin. Apitherapie " Munchen: Ehrenwirth Verlag, 41-47.

7. Cherbuliez ,T.; Domerego ,R. 2003. L'Apitherapie", Bruxelles: Amyris SPRL, 37-39.

8. Molan, P. 1999. Porque é que o mel é eficaz como medicamento. A sua utilização na medicina moderna. Bee World 80: 79-92.

9. O Conselho da União Europeia. 2002. Diretiva 2001/110/CE do Conselho, de 20 de dezembro de 2001, relativa ao mel. Gabinete. J. Europ. Comm. L10: 47-52.

10. Pereira, P.C.M.; Barraviera, B.; Burini, R.C.; Soares, A.M.V.C. e Bertani, M.A. 1998. Uso do mel como suplemento nutricional e terapêutico no tratamento de doenças infecciosas. O J. Venomous Anim. Toxins. Preliminary Report 1: 1-2.

11. Iglesias, M.T. ; De Lorenzo, C. ; Polo, M. D-C. ; Martrn-Avarez e Pueyo, E. 2004. Utilidade do mel de melada e do mel floral. Aplicação a méis de uma pequena área geográfica. J. Agric. Food Chem. 52: 84-89.

12. Hak-Gil, C.; Myung-Kyoo, H. & Jae-Gil, K. 1988. The Chemical composition of Korean Honey. Korean J. Food Sci. Techn. 20: 631-636.

13. White, J.W.; Reeithof, M.L.; Subers, M.H. e Kushnir, I. 1962. Composition of honey. US Dept. Agric. Techn. Bull. 1261: 124-125.

14. Abou-Tarboush, H.; Al-Kahtani, H. e El-Sarrage, M. 1993. Identificação do tipo floral e avaliação da qualidade de alguns tipos de mel. Food Chem. 46: 1317.

15. Anklam, E. (1998). Revisão dos métodos analíticos para determinar a origem geográfica e botânica do mel. Food Chem. 63(4): 549-562.

16. Persano-Oddo, L.; Piazza, M.G.; Sabattini, A.G. e Acorti, M. 1995. Caracterização do mel unifloral. Apidol. 26: 4453-4465.

17. Mateo, R. & Bosch-Reig, F. 1997. Perfis de açúcar de méis uniflorais espanhóis. Food Chem. 60(1): 33-41.

18. Campos, G.; Della Modesta, R.C.; Da Silva, T.J.P. e Raslan, D.S. 2001. Comparação de alguns componentes entre o mel floral e o mel de melato. Rivista do Instituto Adolfo Lutz. 60: 59-64.

19. Falco, G.; Gomez-Catalan, C.; Llobet, J.M. e Domingo, J.L. 2003. Contribuição das plantas medicinais para a ingestão alimentar de vários elementos tóxicos na Catalunha, Espanha. Trace Elem. Electrolyt. 20: 120-124.

20. Garcia, J.C.R.; Garcia, J.B.; Latorre, C.H.; Martin, S.G. e Crecent, R.M.P. 2005. Comparação dos modificadores nitrato de paládio-magnésio e dihidrogenofosfato de amónio para a determinação de chumbo em mel por espetrometria de absorção atómica electrotérmica. Food Chem. 91: 435-439.

21. Comissão do Codex Alimentaris. 1993. Norma para o mel, Ref. no. CL 1993/14, SH, Comissão do Codex Alimentarius. F.A.O. /W.H.O., Roma, 54-56.

22. Przybylowski, P. e Wilczynska, A. 2001. O mel como marcador ambiental. Food Chem. 74: 289-291.

23. Celli, G. & Maccagnani, B. 2003. Honey bees as bioindicators of environmental pollution. Bull. Insectol. 56(1): 137-139.

24. Atrouse, O.M.; Oran, S.A. e Al-Abbadi, S.Y. 2004. Chemical analysis and identification of pollen grains from different Jordanian honey samples (Análise química e identificação de grãos de pólen de diferentes amostras de mel da Jordânia). Internat. J. Food Sci. Techn. 39: 413-417.

25. Rashad, M.N. e Soltan, M.E. 2004. Elementos principais e vestigiais em diferentes tipos de de méis de abelha egípcios monoflorais e não florais. J. Food Comp. Anal. 17: 725735.

26. Munoz, E. e Palmero, S. 2006. Determinação de metais pesados em mel por análise de decapagem potenciométrica e utilizando uma metodologia de fluxo contínuo. Food Chem. 94: 478-483.

27. White, J.W. e W.D. Landis, W.D. 1980. Honey Composition and Properties. Beekeeping in the US Agriculture Handbook Number 335. Washington, DC: US Department of Agriculture, 69-71.

28. Jusbin, O.S. 1996. Composição química e aplicação. In: Bee Products (editado por Schmidt). New York: Plenum Press, 25-26.

29. Hak-Gil, C.; Myung-Kyoo, H. e Jae-Gil, K. 1988. The chemical composition of Korean honey. Ciência *e* Tecnologia Alimentar Coreana, 20: 631-636.

30. White, J.W.; Reithof, M.L.; Subers, M.H. e Kushnir I. 1962. Composition of honey. US Department of Agriculture Technical Bulletin Winston, M.L, 124-127.

31. Abdulla, F. e Abdulaziz, M.A. 1998. O efeito profilático e curativo das úlceras induzidas pelo mel de cedro em coelhos. The Second International Arab Apicultural Conference Amman, 1: 26-31.

32. Pereira, P.C.M.; Barraviera, B.; Burini, R.C.; Soares, A.M.V.C. e Bertani, M.A. 1998. Uso do mel como suplemento nutricional e terapêutico no tratamento de doenças infecciosas. Os Animais Peçonhentos e as Toxinas. Relatório Preliminar; 1: 1-2.

33. Seedley, T.D. 1985. Honeybee Ecology. Princeton University Press, Princeton, New Jersey, 27-29.

34. Winston, M.L. 1987. The Biology of the Honey Bee. Harvard University Press, Londres, 40-41.

35. Alfonsus, E.O. 1933. Zum Pollenverbrauch des Bienenvolkes. Archiv fuur Bienenkunde 14: 220-223.

36. Haydak, M. H. 1935. Brood rearing by honeybees confined to pure carbohydrate diet. J. Economic Entomology, 29: 657-660.

37. McKee, B. 2003. Prevenção de resíduos no mel: Uma perspetiva futura. Apiacta, 38: 173-177.

38. Danty, J. 2003. El Mercado dela mile. Oficina de Estudios y politicas Agrarios (ODEPA), Gobierno de chile, Santiago, chile, 1-11.

39. Fernandez, M.C. ; Subra y, E. e Ortiz, A. 1994. La miel, indicador ambiental. Practicas ecologicas para una agricultura de calidad. I Congreso de la Sociedad Espanola de Agricultura Ecologica (Actas). Toledo, Espanha, 37-46.

40. Buldini, P.L.; Cavalli, S.; Mevoli, A. e Sharma, J.L. 2001. Ion chromatographic and voltammetric determination of heavy and transition metals in honey. Food Chem, 73: 487-495.

41. Bogdanov, S.; Imdorf, A.; Charriere, J.; Fluri, P.e Kilchenmann, V. 2003. The contaminants of the bee colony (Os contaminantes da colónia de abelhas). Centro Suíço de Investigação Apícola. Berna, Suíça, 1-12.

42. Celli, G. e Maccagnani, B. 2003. Honey bees as biondicators of environmental pollution. J.Bulletin of Insectology, 56: 137-139.

43. CAC .2001. The Revised Codex Standards for Honey, Comissão do Codex Alimentarius http://www.codexalimentarius.net/web/index_en.jsp.Accessed em 27 de dezembro de 2011.

44. Molan, P.C.1992. "The antibacterial nature of honey", Bee World, 73(1):5-28.

45. Seeley, T. D. 1995. Allocation of labor among forage sites. Em The wisdom of the hive: the social physiology of honey bee colonies; Harvard University Press: Cambridge/Massachusetts; Capítulo 5, 84-121.

46. Adjare, S. O. 1990. Beekeeping in Africa. Boletim de Serviços Agrícolas 68/6 Organização das Nações Unidas para a Alimentação e a Agricultura Roma http://www.fao.org/docrep/t0104e/t0104e00.htm. Acedido em 10 de maio de 2011.

47. Girma Deffar. 1998. Non-Wood Forest Production in Ethiopia. Addis Ababa, Ethiopia http://www.fao.org/D0CREP/003/X6690E/X6690E00.htm. Acedido em 10 de maio de 2011.

48. Hartmann, I. 2004. The management of resources and marginalization in beekeeping Societies of South West Ethiopia (A gestão dos recursos e a marginalização nas sociedades apícolas do sudoeste da Etiópia). Documento apresentado na conferência: Bridge Scales and Epistemologies, Alexandria, 1-3.

49. Crane, E. 1970. Bees and beekeeping, Science, practice and world resource. Heinemann Newness, Londres, 60-69.

50. Williams, R.J.P. 1981. Natural selection of the chemical elements. Proc.Royal Soc. B 213, 361-397.

51. Nelson, D. L.; Cox, M. M. 2000. Lehninger Principles of Biochemistry (3rd ed.). Nova Iorque: Worth Publishing. ISBN 1-57259, pp.153-156.

52. Lippard, S. J. e Berg, J. M. 1994. Principles of Bioinorganic Chemistry. Mill Valley, CA: University Science Books. ISBN 0935702733.

53. Heydon, K. 1983. Actas da Primeira Conferência Internacional sobre Elementos na Saúde e na Doença, Vol 6, Nova Deli, Índia, 42-45.

54. Mertz in, W. 1987.Trace Elements in Human and Animal Nutrition, W. Mertz (Ed), Academic Press, 1, 1-4.

55. EPA. 1986. Diretrizes para a avaliação da exposição, Fed. Regst. 51, 34046.

56. OMS. 1996. "Trace Elements in Human Nutrition and Health", Genebra.

57. Frieden , E. 1985. Biochemistry of the Elements, J. Chem. Educ., 62, 11, 917-918.

58. Schrauzer, G.N. 1984. Biochem. Of the Essential Ultratrace Elements, E. Frieden (ed), Plenum press, Nova Iorque, NY, 17-19.

59. Boyle, M.A. e Zayla, G. 1992. Personal Nutrition, 2nd ed, West Publishing Company, St. Paul, New York, Los Angeles, San Francisco, 174-175.

60. Aras, N.K. e Olmez, I. 1995. Human exposure to trace elements through diet, Supp. Nutr., 11, 506-508.

61. Hunt, J. R. 2003. Bioavailability of iron, zinc, and other trace minerals from vegetarian diets, Am. J. Clin Nutr., 78, 633S-639S.

62. Santos, E.E.; lauria, D.C.; Protoda Silveira, C.L. 2004. Avaliação da ingestão diária de elementos-traço devido ao consumo de alimentos por habitantes adultos da cidade do Rio de Janeiro, Sci. Total Environ. 327, 69-71.

63. Hallberg, Leif. 2001. "Perspectives on Nutritional Iron Deficiency". Annual Review of Nutrition, 21, 1-21.

64. Nielsen, F.H.; Mertz, W. 1987. Trace elements in Human and Animal Nutrition. San Diego: Academic Press, 245-273.

65. Tortora, G.J. 1997.Introduction to Human Body; the Essential of Anatomy and Physiology, 4th ed., John Wiley and Sons: Nova Iorque, 472-474.

66. Wardlaw, G.M.; Insel, P.M. 1996. Perspective in Nutrition, 3rd ed., Mosby Year Book: Boston, 524-562.

67. Rebouche, C.J.; Carnitine, I.; Shils, M.E.; Olson, J.A.; Shike, M.; Ross, A.C. 1999. Modern Nutrition in Health and Disease. 9th ed. Philadelphia: Lippincott, Williams and Wilkins; 505-512.

68. Tzonou, A. 1998. Dietary Iron and Coronary Heart Disease Risk: A Study from Greece. Am. J. Epidemiol. 147: 161-166.

69. Halliday, J.W. 1998. Hemocromatose e necessidades de ferro. *Nutr. Rev*. 56, S30-S37.

70. Craig, W.J. 1994. Iron status of vegetarians. Am. J. Clin Nutr. 1233S-1237S.

71. Kimura, M.; Itokawa, Y. 1990. Cooking Losses of Minerals in Foods and Its Nutritional Significance. *J. Nutr. Sci.* Vitaminol (Tóquio), S25-S33.

72. Keen, C.L.; Ensunsa, J.L.; Watson, M.H. 1999. Nutritional Aspects of Manganese from Experimental Studies (Aspectos nutricionais do manganês em estudos experimentais). Neurotoxicology, 20, 213-223.

73. Agência de Registo de Substâncias Tóxicas e Doenças (ATSDR). 2001. Toxicological Profile for Manganese *CAS# 127-18-4*, Atlanta, GA: U.S., 64-67.

74. Agência para o Registo de Substâncias Tóxicas e Doenças (ASTDR). 1995. Toxicological Profile for Zinc *CAS# 7440-66,* Atlanta, GA: U.S., 140-144.

75. Arruda, M.A.Z. 2007. Tendências na preparação de amostras; Nova Science Publishers: Nova Iorque, 57-63.

76. Sneddon, J.; Hardaway, C.; Bobbadi, K.K. e Reddy, A.K. 2006. Preparação de amostras sólidas para a determinação de metais por espetroscopia atómica - uma visão geral e aplicações recentes selecionadas. Applied Spectroscopy Reviews, 41:

114.

77. Buldini, P.L.; Ricci, L. e Sharma, J.L. 2002. Recent applications of sample preparation techniques in food analysis. J. Chrom. A, 975: 47-70.
78. Luque de Castro, M.D. e Capote, F.P. 2007. Analytical Applications of Ultrasound; Elsevier: Amsterdam, 83-87.
79. Kurfu'rst, U. 1998. Solid Sample Analysis-Diret and Slurry Sampling Using GF-AAS and ETV-ICP; Springer: Berlin, 27-28.
80. Hoenig, M. 2001. Etapas de preparação na análise ambiental de elementos vestigiais Factos e armadilhas. Talanta, 54: 1021-1038.
81. Welz, B. e Sperling, M. 1999. Espectrometria de Absorção Atómica; Wiley-VCH: Weinheim, 15-19.
82. Andrea, E. 2010. Mineral composition of New Zealand monofloral honey (Composição mineral do mel monofloral da Nova Zelândia*)*. Uppsala; Nova Zelândia; 10-13.
83. Harris, D.C. 1982. Quantitative Chemical Analysis, 4th ed., W.H. Freeman and Company, Nova Iorque, 84-87.
84. Camina, J.M.; Boeris, M.S.; Martinez, L.D.; Luco, J.M.; Marchevsky, E.J. 2004. Elementos menores, traços e composição química do mel. Chem. Anal. (Varsóvia), 49, 717-721.
85. Sadia Bibi, Syed Zahoor Husain e Riffat Naseem Malik. 2008. Análise de pólen e deteção de metais pesados em amostras de mel de sete países selecionados; Pak.J.Bot., 40(2): 511-512.
86. Hasna Belouali, Mohamed Bouaka, Abdelkader Hakkou. 2008. Determinação de alguns elementos maiores e menores no mel do leste de Marrocos através da espetrometria de emissão ótica de plasma indutivamente acoplado*;* Apiacta 43; 17-24.
87. Minaleshewa Atelabachew. 2007. Studies on commercially available Enset (Ensete Ventricosum(Welw.), Cheesman) food products (Kocho and Bulla) for Major, Minor and trace Elements, 37.

Apêndices

Apêndice 1: ***Gráfico de calibração da solução padrão de metais.***

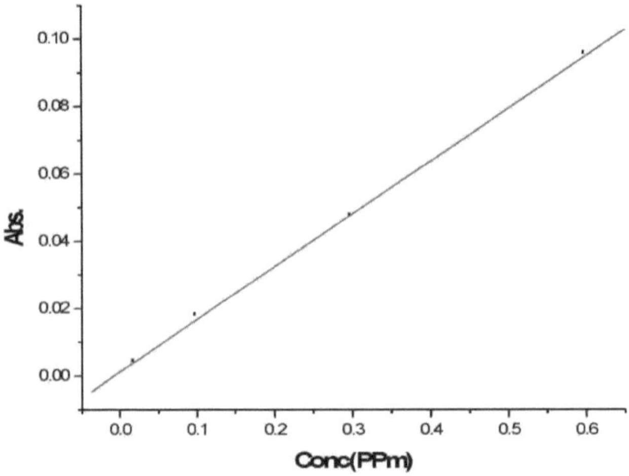

Y = 0,1565X + 0,0011

R = 0.9998

Figura 4a. Gráfico de calibração da solução padrão **de Cu**.

Concentração padrão e absorvância de Cu.

Concentration(mg/l)	Absorbance
0.02	0.003891
0.1	0.017685
0.3	0.047186
0.6	0.095280

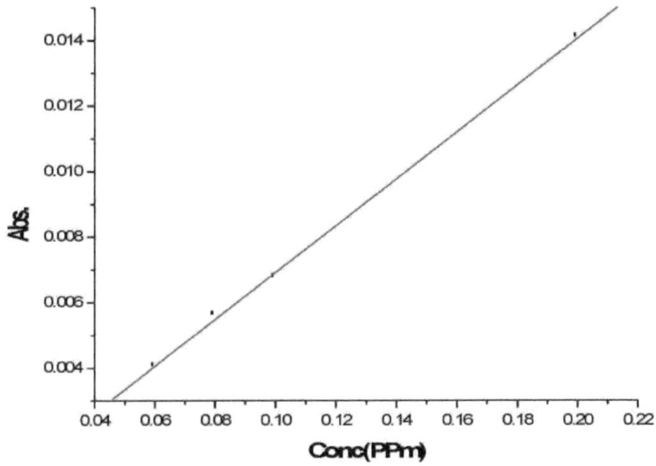

Y = 0,0715X - 0,000

R = 0.9997

Figura 4b. Gráfico de calibração da solução-padrão **de Co.**

Concentração padrão e absorvância de Co.

Concentration(mg/l)	Absorbance
0.05	0.004046
0.08	0.005617
0.1	0.006761
0.2	0.014091

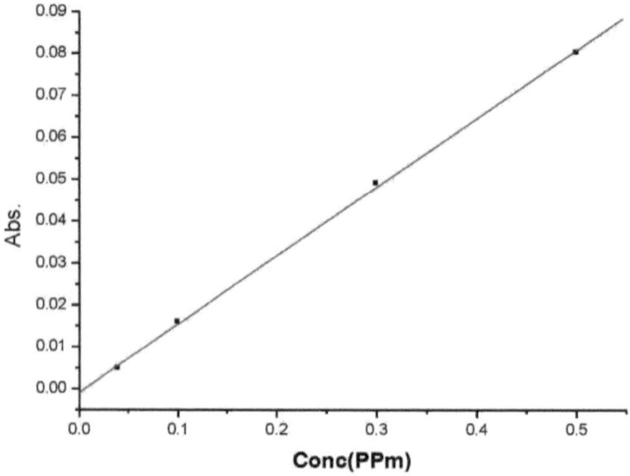

Y = 0,1636X - 0,000

R = 0.9997

Figura 4c. Gráfico de calibração da solução-padrão **de Mn**.

Concentração padrão e absorvância de Mn.

Concentration(mg/l)	Absorbance
0.04	0.004839
0.1	0.015841
0.3	0.049011
0.5	0.080291

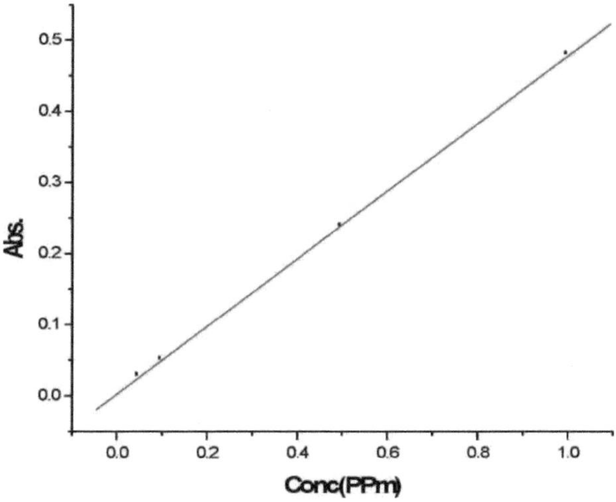

Y = 0,4756X + 0,0022

R = 0.9999

Figura 4d. Gráfico de calibração da solução-padrão de **Zn**.

Concentração padrão e absorvância de Zn.

Concentration(mg/l)	Absorbance
0.05	0.027543
0.1	0.049708
0.5	0.237369
1.0	0.479204

Figura 4 (a-d). Gráfico de calibração da solução-padrão de metais.

Apêndice 2: Análise estatística

		N	Mean	Std. Deviation	Std. Error	95% Confidence Interval for Mean Lower Bound	Upper Bound	Minimum	Maximum
Cu	1.00	3	0.0270	0.00370	0.00213	0.0179	0.0362	0.02	0.03
	2.00	3	0.0334	0.00370	0.00213	0.0243	0.0426	0.03	0.04
	3.00	3	0.0420	0.00370	0.00213	0.0328	0.0511	0.04	0.04
	4.00	3	0.0377	0.00640	0.00370	0.0218	0.0536	0.03	0.04
	5.00	3	0.0696	0.01275	0.00736	0.0380	0.1013	0.06	0.08
	Total	15	0.0420	0.01632	0.00421	0.0329	0.0510	0.02	0.08
Mn	1.00	3	0.0693	0.01274	0.00735	0.0376	0.1009	0.06	0.08
	2.00	3	0.2159	0.00704	0.00407	0.1984	0.2334	0.21	0.22
	3.00	3	0.2262	0.01835	0.01059	0.1806	0.2718	0.21	0.24
	4.00	3	0.2119	0.01275	0.00736	0.1802	0.2436	0.20	0.23
	5.00	3	0.8150	0.08816	0.05090	0.5960	1.0340	0.76	0.92
	Total	15	0.3077	0.27155	0.070	0.1573	0.4580	0.06	0.92

					11				
Zn	1.00	3	0.0620	0.00491	0.002 83	0.0498	0.0742	0.06	0.06
	2.00	3	0.1916	0.00528	0.003 05	0.1785	0.2047	0.19	0.20
	3.00	3	0.0640	0.00947	0.005 47	0.0405	0.0876	0.05	0.07
	4.00	3	0.1299	0.02427	0.014 02	0.0696	0.1902	0.11	0.16
	5.00	3	0.3359	0.05885	0.033 98	0.1897	0.4821	0.28	0.39
	Total	15	0.1567	0.10798	0.027 88	0.0969	0.2165	0.05	0.39

ANOVA

		Sum of Squares	df	Mean Square	F	Sig.(p<0.05)
Cu	Between Groups	0.003	4	0.001	16.557	0.000
	Within Groups	0.000	10	0.000		
	Total	0.004	14			
Mn	Between Groups	1.015	4	0.254	149.603	0.000
	Within Groups	0.017	10	0.002		
	Total	1.032	14			
Zn	Between Groups	0.155	4	0.039	46.152	0.000
	Within Groups	0.008	10	0.001		
	Total	0.163	14			

Comparações múltiplas

LSD (Diferença mínima de significância)

Dependent Variable sites	(I) sites	(J) sites	Mean Difference (I-J)	Std. Error	Sig.(p<0.05)	95% Confidence Interval Lower Bound	Lower Bound
Cu	1.00	2.00	-0.00640	0.00571	0.289	-0.0191	0.0063
		3.00	-0.01493(*)	0.00571	0.026	-0.0277	-0.0022
		4.00	-0.01067	0.00571	0.091	-0.0234	0.0021
		5.00	-0.04260(*)	0.00571	0.000	-0.0553	-0.0299
	2.00	1.00	0.00640	0.00571	0.289	-0.0063	0.0191
		3.00	-0.00853	0.00571	0.166	-0.0213	0.0042
		4.00	-0.00427	0.00571	0.472	-0.0170	0.0085
		5.00	-0.03620(*)	0.00571	0.000	-0.0489	-0.0235
	3.00	1.00	0.01493(*)	0.00571	0.026	0.0022	0.0277
		2.00	0.00853	0.00571	0.166	-0.0042	0.0213
		4.00	0.00427	0.00571	0.472	-0.0085	0.0170
		5.00	-0.02767(*)	0.00571	0.001	-0.0404	-0.0149
	4.00	1.00	0.01067	0.00571	0.091	-0.0021	0.0234
		2.00	0.00427	0.00571	0.472	-0.0085	0.0170
		3.00	-0.00427	0.00571	0.472	-0.0170	0.0085
		5.00	-0.03193(*)	0.00571	0.000	-0.0447	-0.0192
	5.00	1.00	0.04260(*)	0.00571	0.000	0.0299	0.0553
		2.00	0.03620(*)	0.00571	0.000	0.0235	0.0489
		3.00	0.02767(*)	0.00571	0.001	0.0149	0.0404

		4.00	0.03193(*)	0.00571	0.000	0.0192	0.0447
Mn	1.00	2.00	-0.14667(*)	0.03363	0.001	-0.2216	-0.0717
		3.00	-0.15690(*)	0.03363	0.001	-0.2318	-0.0820
		4.00	-0.14263(*)	0.03363	0.002	-0.2176	-0.0677
		5.00	-0.74573(*)	0.03363	0.000	-0.8207	-0.6708
	2.00	1.00	0.14667(*)	0.03363	0.001	0.0717	0.2216
		3.00	-0.01023	0.03363	0.767	-0.0852	0.0647
		4.00	0.00403	0.03363	0.907	-0.0709	0.0790
		5.00	-0.59907(*)	0.03363	0.000	-0.6740	-0.5241
	3.00	1.00	0.15690(*)	0.03363	0.001	0.0820	0.2318
		2.00	0.01023	0.03363	0.767	-0.0647	0.0852
		4.00	0.01427	0.03363	0.680	-0.0607	0.0892
		5.00	-0.58883(*)	0.03363	0.000	-0.6638	-0.5139
	4.00	1.00	0.14263(*)	0.03363	0.002	0.0677	0.2176
		2.00	-0.00403	0.03363	0.907	-0.0790	0.0709
		3.00	-0.01427	0.03363	0.680	-0.0892	0.0607
		5.00	-0.60310(*)	0.03363	0.000	-0.6780	-0.5282
	5.00	1.00	0.74573(*)	0.03363	0.000	0.6708	0.8207
		2.00	0.59907(*)	0.03363	0.000	0.5241	0.6740
		3.00	0.58883(*)	0.03363	0.000	0.5139	0.6638
		4.00	0.60310(*)	0.03363	0.000	0.5282	0.6780
Zn	1.00	2.00	-0.12963(*)	0.02365	0.000	-0.1823	-0.0769
		3.00	-0.00207	0.02365	0.932	-0.0548	0.0506
		4.00	-0.06797(*)	0.02365	0.017	-0.1207	-0.0153

		5.00	-.27397(*)	0.02365	0.000	-0.3267	-0.2213
	2.00	1.00	0.12963(*)	0.02365	0.000	0.0769	0.1823
		3.00	0.12757(*)	0.02365	0.000	0.0749	0.1803
		4.00	0.06167(*)	0.02365	0.026	0.0090	0.1144
		5.00	-0.14433(*)	0.02365	0.000	-0.1970	-0.0916
	3.00	1.00	0.00207	0.02365	0.932	-0.0506	0.0548
		2.00	-0.12757(*)	0.02365	0.000	-0.1803	-0.0749
		4.00	-0.06590(*)	0.02365	0.019	-0.1186	-0.0132
		5.00	-0.27190(*)	0.02365	0.000	-0.3246	-0.2192
	4.00	1.00	0.06797(*)	0.02365	0.017	0.0153	0.1207
		2.00	-0.06167(*)	0.02365	0.026	-0.1144	-0.0090
		3.00	0.06590(*)	0.02365	0.019	0.0132	0.1186
		5.00	-0.20600(*)	0.02365	0.000	-0.2587	-0.1533
	5.00	1.00	0.27397(*)	0.02365	0.000	0.2213	0.3267
		2.00	0.14433(*)	0.02365	0.000	0.0916	0.1970
		3.00	0.27190(*)	0.02365	0.000	0.2192	0.3246
		4.00	0.20600(*)	0.02365	0.000	0.1533	0.2587

* A diferença média é significativa ao nível de 0,05.

Note-se que: - Em todos os casos, os sítios

1 = Aroresa Woreda

2 = Bensa Woreda

3 = Chire Woreda

4 = Arbegona Woreda

5 = Hula Woreda

Apêndice 3: ***Algumas fórmulas úteis***

1) $\%R = \frac{(OV - BV)}{KV} \times 100$

Onde;

%R = Percentagem de recuperação

OV = O valor observado é o resultado analítico após a adição de picos

BV = O valor de fundo é o resultado analítico da matriz antes da adição de substâncias activas

KV = Valor conhecido é a concentração do pico

2) $MDL = 3 \times S_B$

Onde;

MDL = Limite de deteção do método

s_B = Desvio padrão do branco

3) $S = \sqrt{\sum_{i=1}^{n} \frac{(X_i - \overline{X})^2}{n-1}}$

Onde;

S = Desvio padrão

$\overline{X}$ = Média

Xi = Representa cada valor de dados de i=1 a i=N

Representa a "função de soma"

n = A dimensão da amostra

4) $$S_{Pooled} = \sqrt{\frac{\sum_{i=1}^{N_1}(X_i - \overline{X}_1)^2 + \sum_{j=1}^{N_2}(X_j - \overline{X}_2)^2 + \sum_{k=1}^{N_3}(X_k - \overline{X}_3)^2 + \ldots\ldots\ldots\ldots}{N_1 + N_2 + N_3 + \ldots\ldots\ldots\ldots N_t}}$$

Onde;

N1 = O número de resultados no conjunto 1

N2 = O número de resultados no conjunto 1

N3 = O número de resultados no conjunto 1

..

..

..

..

Nt = O número de conjuntos de dados que são agrupados

5) $$\overline{X} = \sum_{i}^{N} \frac{X_i}{N}$$

Onde;

$\overline{X}$ = Média
N = A dimensão da amostra

Xi = Representa cada valor de dados

∑= Representa a "função de soma"

MIX
Papier aus verantwortungsvollen Quellen
Paper from responsible sources
FSC® C105338

Printed by Books on Demand GmbH, Norderstedt / Germany